欢迎来到熊世界

[英]凯特·佩里多特/著

[英]贝嘉·霍尔/绘

陶尚芸/译

中国友谊出版公司

图书在版编目（CIP）数据

欢迎来到熊世界 /（英）凯特·佩里多特著；（英）

贝嘉·霍尔绘；陶尚芸译 . -- 北京：中国友谊出版公

司，2024.1

ISBN 978-7-5057-5762-2

Ⅰ.①欢… Ⅱ.①凯… ②贝… ③陶… Ⅲ.①熊科 –

少儿读物 Ⅳ.① Q959.838

中国国家版本馆 CIP 数据核字 (2023) 第 226158 号

著作权合同登记号 图字：01-2023-5767

Meet the Bears

Design and layout © Welbeck Children's Limited 2023

Text © 2023 Kate Peridot

Illustration © 2023 Becca Hall

First Published in 2023 by Welbeck Editions, An Imprint of Welbeck Children's Limited

Simplified Chinese rights arranged through CA-LINK International LLC

书名	欢迎来到熊世界
作者	[英]凯特·佩里多特著；[英]贝嘉·霍尔 绘
译者	陶尚芸
出版	中国友谊出版公司
发行	中国友谊出版公司
经销	新华书店
印刷	天津画中画印刷有限公司
规格	889 毫米 ×1194 毫米　12 开
	4 印张　24 千字
版次	2024 年 1 月第 1 版
印次	2024 年 1 月第 1 次印刷
书号	ISBN 978–7–5057–5762–2
定价	79.00 元
地址	北京市朝阳区西坝河南里 17 号楼
邮编	100028
电话	（010）64678009

目录

这么说，你也喜欢熊喽？

太棒啦！你真有品位呀。

熊很聪明，熊很好奇，熊很强壮。

最了不起的是，熊在千米之外就能闻到你的气味啦。

地球上共有 8 种熊，他们生活在世界各地。

如果你想了解熊，最好去熊的故乡瞧一瞧。

下面是可以帮你抵达"熊乡"的旅行券：

北极破冰船

阿拉斯加水上飞机

阿巴拉契亚山脉徒步

安第斯山脉美洲驼骑行

斯里兰卡奇幻游猎

婆罗洲独木舟探险

四川徒步远足

韩国峡谷攀岩

熊乡探险工具包

穿上靴子，带上泰迪熊玩偶，出发！是时候去拜访熊乡啦。

手电筒

望远镜

夜视镜

指南针

地图

"防熊"餐盒

照相机

极地外套

雨衣

遮阳帽

吊床

熊迹追踪探险指南

熊乡探险指南

水壶

我的泰迪熊玩偶叫贝尔，它有一个心愿，就是回熊乡去探望它的熊友们。

拜访北极熊

穿上极地连体衣，拉上拉链，走，探亲去！一路上要提防挡道的冰山哟。

我们的破冰船一路向北，驶进了冰冻的大海，这里住着喜欢寒冷气候的北极熊，这是我们"快乐探亲行"的第一站。

注意，前方高能！北极熊浑身雪白，可以在雪地的掩护下偷偷接近猎物。北极熊最爱的食物是海豹——只要是闻起来美味的东西，都会被北极熊当成大餐。

无论白天还是黑夜，北极熊都能看得清清楚楚。

北极熊的耳朵很小，感觉不到寒冷。但小小的耳朵也能听到冰下鲸鱼的歌声和海豹的叫声。

北极熊是体型最大的熊。他在 30 多千米之外就能嗅到躺在冰上的猎物啦。他会在浮冰之间来回游动，瞄准机会捕食猎物。

🐾 吃货的小粮仓：

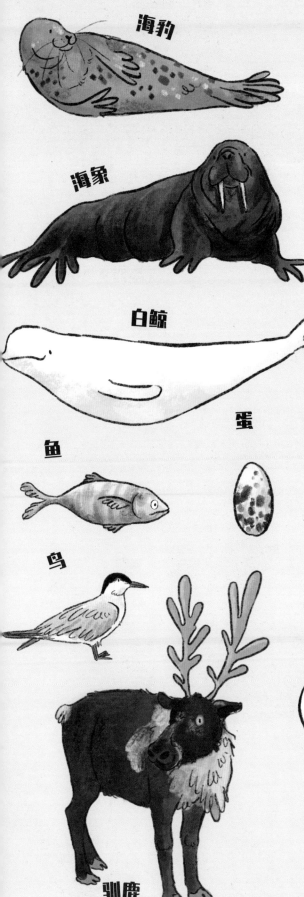

海豹

海象

白鲸

鱼

蛋

鸟

驯鹿

🐾 毛发特征：

北极熊的身体肥乎乎的，黑乎乎的皮肤就躲在两层软毛的下面。北极熊的软毛是半透明的，看上去雪白雪白的。软毛的作用是吸收和储存热量。

🐾 冬眠情况：

北极熊不冬眠，熊妈妈在雪中挖洞是为了生宝宝的时候有地方住。

🐾 活动范围：

北极熊的生活区域横跨北极圈，包括美国阿拉斯加、丹麦格陵兰岛、加拿大北部、俄罗斯和挪威。

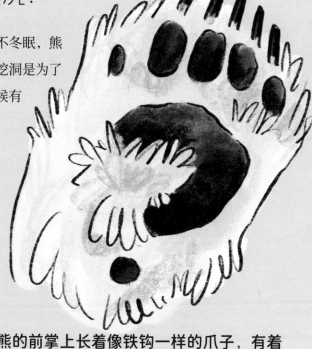

北极熊的前掌上长着像铁钩一样的爪子，有着极大的杀伤力；后掌非常宽大，毛茸茸的，很适合在冰面上行走。前后掌互相配合，它们就能牢牢地抓住冰面，也能轻轻松松地在雪中挖洞。

你的泰迪熊玩偶是一只北极熊吗？

不！它的毛不是白色的。

躲在远处看棕熊

我们的水上飞机飞速冲进了一条波涛翻滚的河流，我们在河口处上了岸，就地观察棕熊。

我们的运气真好，看到了棕熊妈妈和它的宝宝们在一起的温馨场面。棕熊妈妈喜欢抓鱼，而鲑鱼洄游的季节刚刚到来。棕熊妈妈很爱它的孩子们，总是把小熊们带在身边。我们不要惊扰它们，远远地观望就好，这时望远镜就可以派上用场啦。

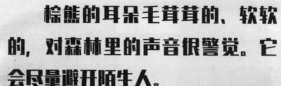

棕熊的耳朵毛茸茸的、软软的，对森林里的声音很警觉。它会尽量避开陌生人。

棕熊的肩膀上有隆起的肌肉，可以帮它在冬天挖深洞。

棕熊的爪子长长的，且弯曲自如，既可以挖出美味的树根，又可以搬运泥土。

14

🐾 吃货的小粮仓:

浆果

鱼

昆虫和节肢动物

植物根茎

植物

🐾 毛发特征:

棕熊的毛是棕色的，点缀着金色或黑色的斑纹。

🐾 冬眠情况:

棕熊的冬眠期从头年 10 月持续到次年 3 月。

🐾 活动范围:

棕熊共有 15 种，分布在北美、西伯利亚、中东、欧洲和日本的部分地区。

棕熊的嗅觉是动物王国里数一数二的，它可以嗅出森林里的来客，还可以找出食物散发出的香味的来源。

你的泰迪熊玩偶是一只棕熊吗？

不！它的毛不是棕色的。

棕熊奔跑的速度高达每小时 56 千米，远远超过了跑得最快的人类。

15

遭遇"夜贼"黑熊

我们进行了一天的徒步旅行，左拐拐，右转转，终于穿过了一片高大的松林。接下来，我们准备搭帐篷、吃晚饭，然后钻进睡袋美美地睡上一觉。突然"哗啦"一声巨响。哎呀，糟啦！一个黑乎乎的"夜贼"闯入了我们的营地，它正在偷吃我们明天的早餐和午餐呢。有人忘了盖紧"防熊餐盒"啦！

追踪熊这边请
→

黑熊胆子很大，不像其他种类的熊那样害怕人。黑熊常常去垃圾桶翻找吃的，一看到停在路上的车，就会砸碎车窗玻璃，偷吃车里的零食。

黑熊的毛很短，耳朵圆圆的。

🐾 吃货小粮仓：

昆虫和节肢动物

坚果

水果

小动物

熊爪够得着的其他美食

18

🐾 **毛发特征：**

黑熊的毛呈黑色或深褐色。柯莫德熊和冰川黑熊是黑熊家族中的稀有亚种，熊毛呈乳白色或银蓝色。

🐾 **冬眠情况：**

黑熊的冬眠期从头年 11 月持续到次年 4 月。

🐾 **活动范围：**

黑熊的踪迹遍布北美洲的山脉和森林。

黑熊最喜欢待在树上，当它们受到惊吓或需要打个盹儿的时候，就会爬上树去。

秋天，它们会找地方冬眠，可能会找个地洞钻进去，甚至躲在某幢住宅楼的下面！

不！它的毛很长。

你的泰迪熊玩偶是一只黑熊吗？

抬头遇见眼镜熊

我们骑着美洲驼爬上了陡峭的山坡。我们从骆驼背上下来，沿着一串动物的足迹，进入一片云雾缭绕的森林，这里是眼镜熊的地盘。眼镜熊非常害羞，总是躲躲藏藏，想见它们一面很难。

所以，你得备一本熊乡探险指南，帮你识别眼镜熊的爪印和大便，另外别忘了抬头看看！眼镜熊喜欢待在树冠上打发时间。噼啪！啪啦！哎呀呀，树枝被它压断啦！

眼镜熊的鼻子
比其他熊的短。

眼镜熊的前腿比后腿长，有助于爬树。

眼镜熊常常用断树枝搭窝，然后躺在窝里睡觉。眼镜熊还会把断树枝当作凳子，站上去够水果。

眼镜熊的眼睛周围长了一圈浅色的毛，看上去就像戴了一副眼镜。

吃货小粮仓：

球茎

浆果

小动物

仙人掌花

植物

毛发特征：

眼镜熊的毛呈黑色或红棕色。

冬眠情况：

眼镜熊不冬眠。因为它们的故乡气候温暖，一整年都有充足的食物。

活动范围：

南美洲安第斯山脉斜坡上的森林里。

你的泰迪熊玩偶是一只眼镜熊吗？

不！它没有"戴眼镜"。

23

开吃吧，树懒熊

夏日炎炎，路途颠簸，我们坐车穿过了干燥的森林。司机突然刹车，指向了地上的一坨大便。我们蹑手蹑脚地走到了一块空地上，看到了一头毛茸茸的动物，它正把头埋在白蚁窝里，连吮带吸地享受着美食呢。树懒熊"吧唧"嘴的声音实在太吵啦。

24

树懒熊的鼻子是浅色的，胸部有 V 形或 Y 形的斑纹。

树懒熊的毛很长，可以保护它们不被昆虫叮咬和蜇伤。

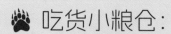 吃货小粮仓：

水果

蜂蜜

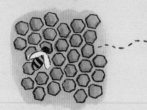

昆虫和节肢动物

树懒熊的爪子很长，它们最拿手的技术就是从蚁窝里掏蚂蚁和白蚁。

 毛发特征：

树懒熊的毛很长，还乌黑发亮。

 冬眠情况：

树懒熊不冬眠。因为它们的故乡气候温暖，全年食物富足。

 活动范围：

在印度、尼泊尔和斯里兰卡都生活着树懒熊，它们住在丛林里、干燥的森林中和高草草原上。

如果树懒熊看到树上有蜂窝，就会爬上树，把蜂窝撞落。

你的泰迪熊玩偶是一只树懒熊吗？

不！它的爪子不长。

树懒熊可以紧闭鼻孔，只通过门牙缝隙吮吸昆虫，就像吸尘器一样迅速。

27

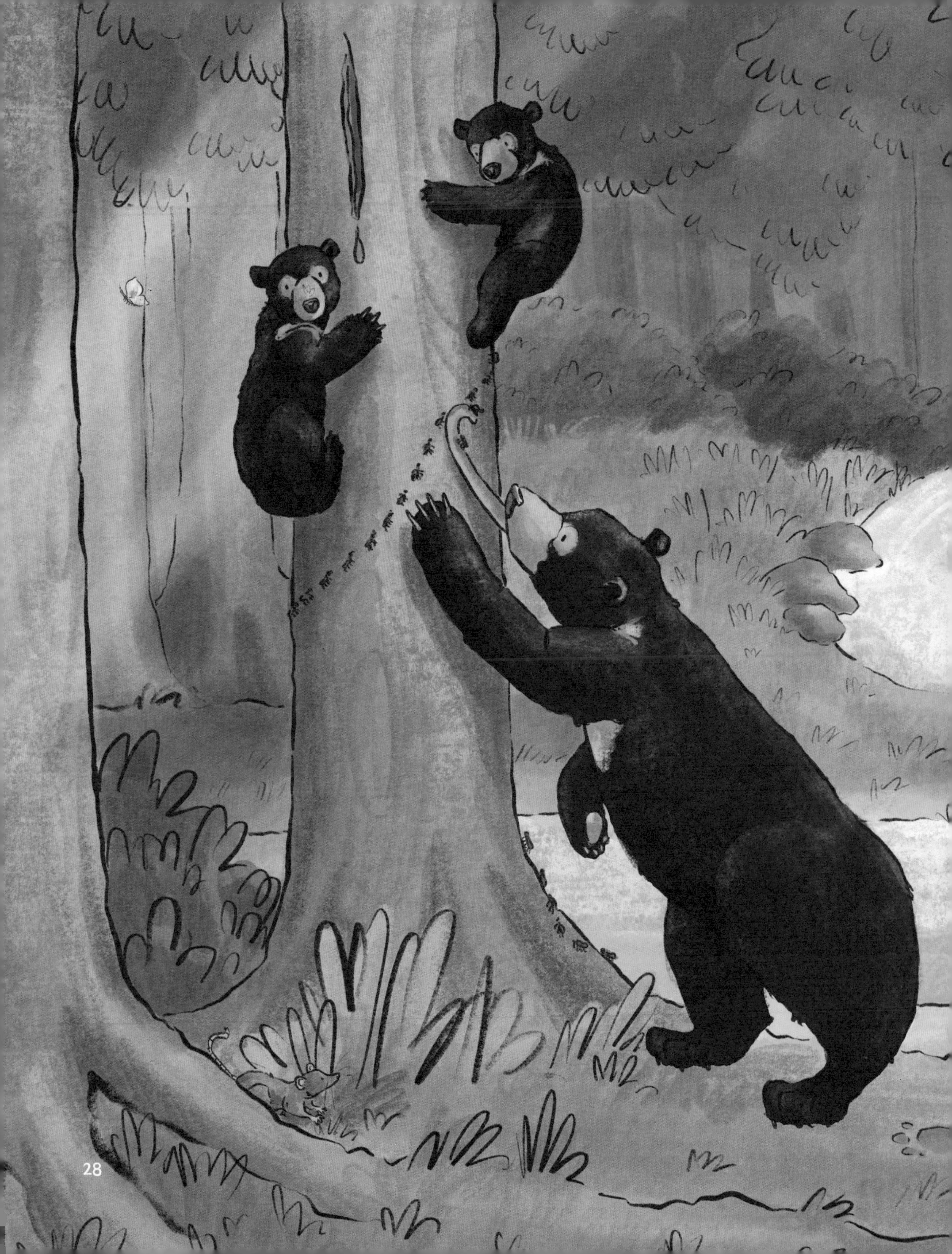

嗨！太阳熊，等你回来！

这条河像一条蓝色的蛇，弯弯曲曲地穿过了丛林。天气又热又潮湿，我们停下来喝水。突然，我们在岸边的沼泽地上发现了太阳熊的爪印。估计这只熊还会折返，所以我们决定停下来等它。先用树枝搭个藏身的营地吧。第二天早上，太阳还没出来，我们就被爪子抓挠树皮的声音吵醒了。

太阳熊的名字来自于它胸前的淡橙色斑纹，若把深色的皮毛当作背景，看上去就像一幅旭日东升或夕阳西下时刻的风景画。

尽管太阳熊的毛很短，但依然可以抵挡热带暴雨。

太阳熊是体型最小的熊。

太阳熊的爪子可以弯曲，所以它们能轻松地撕扯树皮。太阳熊的舌头有 20 厘米长，可以伸进蜂房，把美味的蜜蜂和蜂蜜给一锅端了。

🐾 吃货小粮仓：

老鼠

昆虫

蜂蜜

水果

太阳熊真不愧是攀爬专家，它们会在树冠上搭窝，大部分时间都趴在窝里睡觉。

🐾 毛发特征：

太阳熊的毛非常短，呈深棕色或黑色。

🐾 冬眠情况：

太阳熊不冬眠。因为它们的故乡气候温暖，全年食物富足。

🐾 活动范围：

太阳熊在干燥的森林和湿润的热带雨林中都能生存，活动范围从印度东部到中国南部，一直到婆罗洲。

你的泰迪熊玩偶是一只太阳熊吗？

不！它的舌头不长。

喜迎大熊猫

　　飞机降落在了中国四川的高海拔山区，我们下飞机后，徒步穿过森林，来到了云雾缭绕的高山地带。我们的四周遍布着古老的冷杉树，旁边还生长着高大的竹子。

　　突然，一位"导游"在一棵树后面向我们"招手"——只见一只大熊猫妈妈跟着它的小宝宝们走出了洞穴。瞧，它们黑白相间的软毛，跟森林中的阴影和积雪相映成趣。

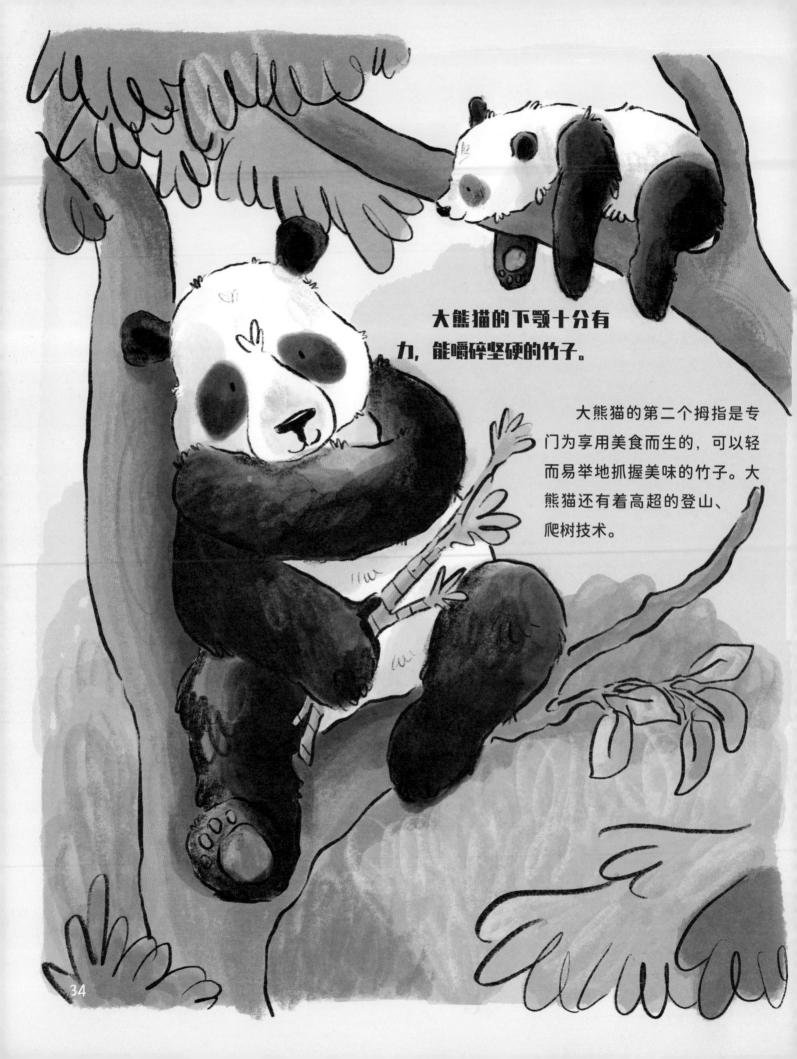

大熊猫的下颚十分有
力，能嚼碎坚硬的竹子。

大熊猫的第二个拇指是专
门为享用美食而生的，可以轻
而易举地抓握美味的竹子。大
熊猫还有着高超的登山、
爬树技术。

🐾 **毛发特征：**

大熊猫的身上有独特的黑白斑纹。

🐾 **冬眠情况：**

大熊猫不冬眠，但是大熊猫妈妈怀孕的时候会用树枝搭窝，然后待在里面休息。

🐾 **活动范围：**

大熊猫主要生活在中国的四川、陕西和甘肃的山区。

🐾 **吃货小粮仓：**

大熊猫最喜爱的美食是竹子。它们每天要花16个小时吃东西，真是妥妥的"大胃王"。

大熊猫崇尚高纤维饮食，因此，它们一天会排便多则40次。

有时候，大熊猫会倒着爬上树，后腿翘在空中，就像倒立一样，然后喷一股臭尿，这是在告诉其他小伙伴："起开！这是我的地盘！"

你的泰迪熊玩偶是一只大熊猫吗？

不！它没有"大白脸"。

偷拍月亮熊的晚宴！

　　月亮熊真是神出鬼没，我们花了好几天才找到它们的足迹。我们玩命似地爬上了一座陡峭峡谷。我们无数次无力地瘫坐下来，又强撑着身体站起来继续攀岩。就在太阳下山之前，我们来到了高原地带，这里生长着许多坚果树，我们在这里设下了"相机陷阱"。

　　听说月亮熊害怕受到惊吓，我们只好找个隐蔽的地方安静地等待。黄昏时分，一群月亮熊溜达着走出了森林，爬上了一棵坚果树，使劲地摇晃。坚果纷纷掉落在地上，它们的盛大晚宴开始啦！"咔嚓咔嚓"！抓拍成功！

月亮熊的胸前长着黄白相间的月亮状斑纹，它们也因此而得名。月亮熊的颈毛也别具一格。

有人发现，月亮熊爸爸和月亮熊妈妈都会照顾熊宝宝，还喜欢跟小家伙们玩耍。而其他种类的熊，都是只有熊妈妈负责照顾熊宝宝。所以说，月亮熊堪称最擅长交际、最爱玩的熊。

🐾 吃货小粮仓：

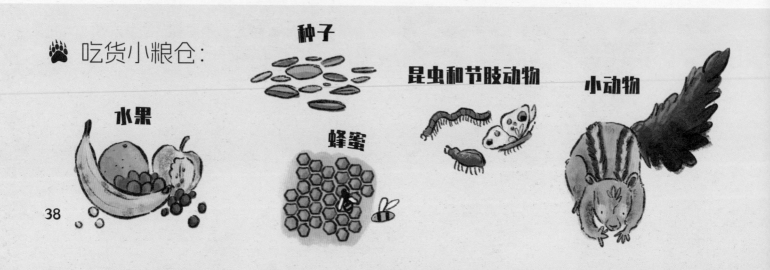

种子

昆虫和节肢动物

小动物

水果

蜂蜜

🐾 毛发特征：

月亮熊身上的毛是黑色的，颈部的毛很长，就像马的鬃毛一样。

🐾 冬眠情况：

月亮熊通常不冬眠，除非他们搬家去北方生活。北方气候寒冷，它们就不得不冬眠啦。

🐾 活动范围：

它们主要生活在西伯利亚、巴基斯坦、中国、朝鲜、日本和南亚森林茂密的偏远山区。

月亮熊喜欢长途跋涉去寻找应季食物，他们偏爱在黎明和黄昏觅食，白天在树上打盹。勤快的月亮熊有时会在树上搭窝。

你的泰迪熊玩偶是一只月亮熊吗？

对，它就是月亮熊，小家伙终于找到它的家族啦，可把它给乐坏了！

现在，你已经见过八大熊族，还知道了你的泰迪熊玩偶是哪家的小朋友。让我们打道回府吧！留守在家的其他小熊玩偶们正等着我们回去分享奇妙的旅行故事和展示我们拍摄的照片呢。

说不定你还能帮家里那些"留守小熊"们寻宗问祖呢！

没见过红彤彤的小熊猫

小熊猫是小熊猫科，而大熊猫是熊科。大熊猫被动物学家发现并命名的时间要远远晚于小熊猫。它们都是一见到竹子就胡吃海塞，而且它们的家乡也是同一个地方。不过小熊猫是一个独立的物种，它们的体型跟宠物猫差不多大。小熊猫的尾巴毛茸茸的，可以帮助它们很好地保持身体的平衡。

活动范围：

中国喜马拉雅山脉东部、尼泊尔、不丹和缅甸北部。

考拉也叫"考拉熊"？可别以貌取"熊"

"考拉"这个词来自澳大利亚的土著语言，意思是"不喝"。考拉不会爬下树去喝河里或池塘里的水。因为考拉每天都要吃大量的桉树叶，这种叶子的汁液很多，足够它们对水的需求啦。第一批移民坐船来到澳大利亚时，看到考拉像熊一样憨头憨脑的，就在"考拉"后面加了个"熊"字。但我们现在知道了，考拉跟袋鼠和袋熊的亲缘关系更近一些。

活动范围：

澳大利亚东部和东南部的桉树林。

跟着熊狸走，不迷路！

熊狸不是熊，它们属于果子狸和猫鼬家族。那么为什么有人认为熊狸可能是一种熊呢？这也很好理解：熊狸的毛跟熊很相似，走起路来也像熊一样大摇大摆的。但是，熊狸的尾巴很长，它们不仅能用尾巴调节身体平衡，还可以用尾巴牢牢缠住树枝。熊狸即使晚上在森林里游荡也不会迷路，因为它们可以用自己的白胡须探路，这一点有点儿像猫。

活动范围：

东南亚的热带森林。

八大熊族的
地盘划分图

格陵兰岛

阿拉斯加

加拿大

美国

图例

北极熊
棕熊
黑熊
眼镜熊
树懒熊
太阳熊
大熊猫
月亮熊

委内瑞拉

哥伦比亚
厄瓜多尔

秘鲁

玻利维亚

南美洲

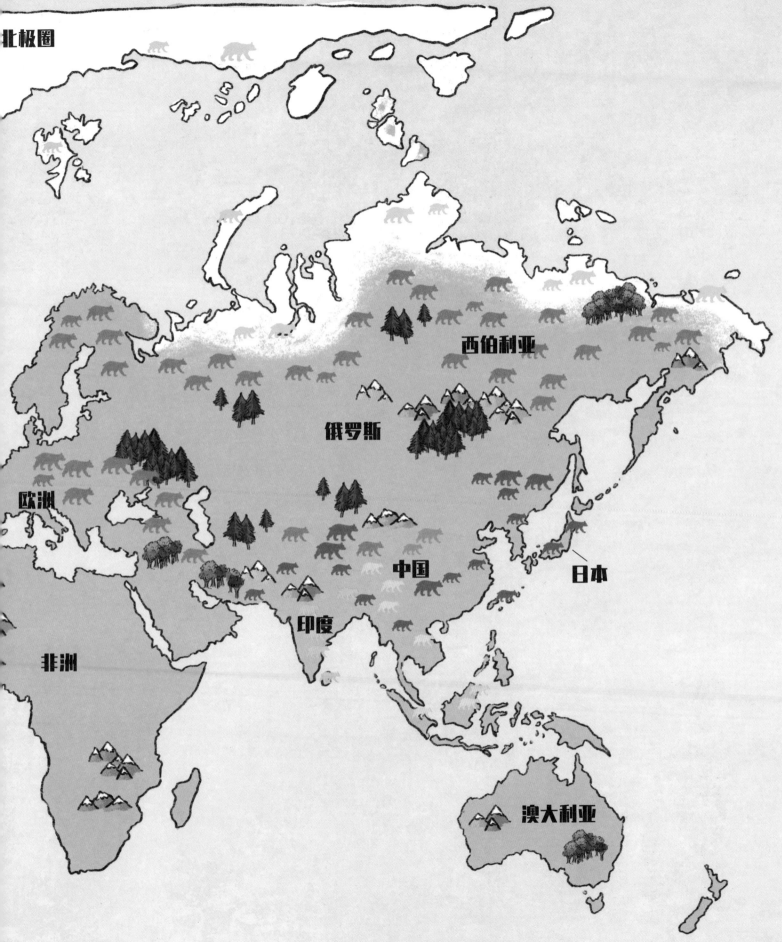

北极圈

西伯利亚

俄罗斯

欧洲

中国

日本

印度

非洲

澳大利亚

45

量一量八种熊的身材

**按照肩高顺序
测量公熊的平均身长**

← 115.5厘米 →

6岁小孩大约的平均身高

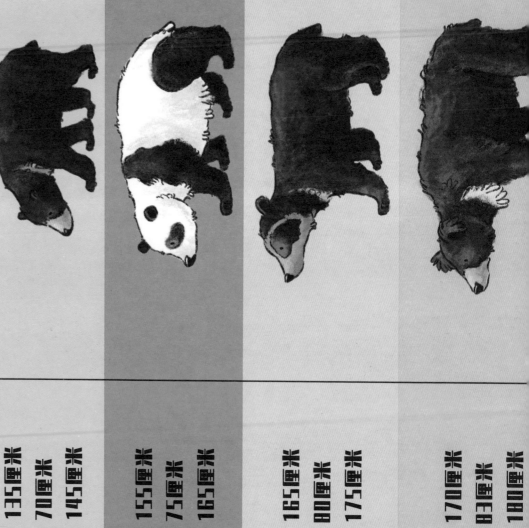

太阳熊
身长: 135厘米
肩高: 70厘米
站高: 145厘米

大熊猫
身长: 155厘米
肩高: 75厘米
站高: 165厘米

眼镜熊
身长: 165厘米
肩高: 80厘米
站高: 175厘米

懒熊
身长: 170厘米
肩高: 83厘米
站高: 180厘米

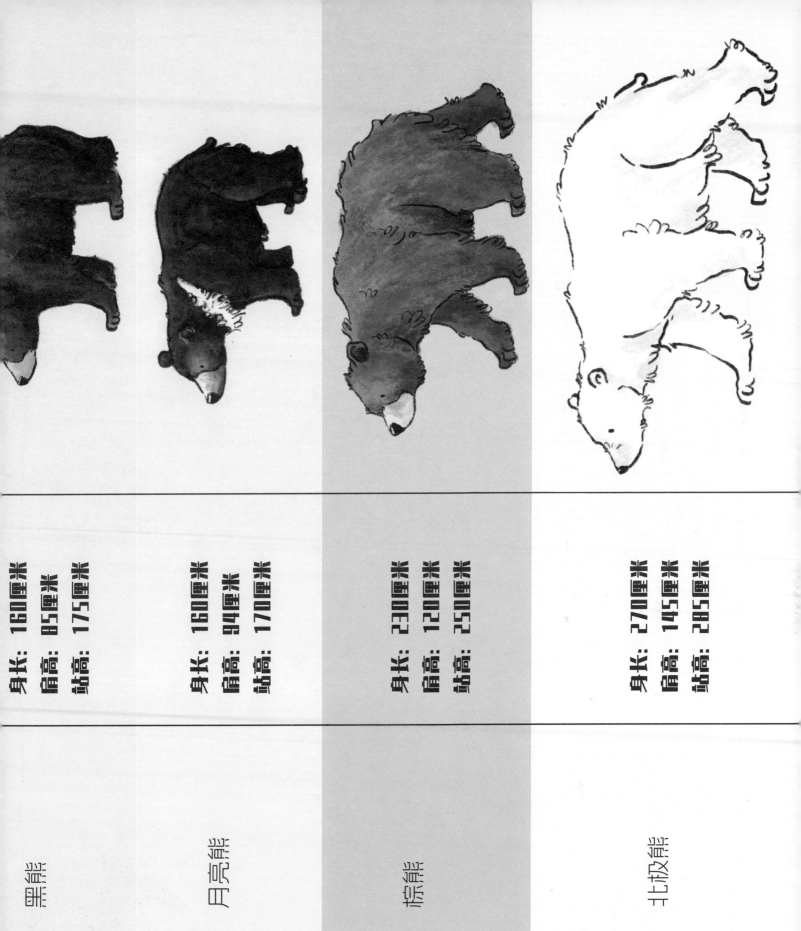

黑熊

身长: 160厘米
肩高: 85厘米
站高: 175厘米

月亮熊

身长: 160厘米
肩高: 94厘米
站高: 170厘米

棕熊

身长: 230厘米
肩高: 120厘米
站高: 250厘米

北极熊

身长: 270厘米
肩高: 145厘米
站高: 285厘米

熊乡探险安全攻略

🐾 结伴而行，留意附近有没有熊出没。

🐾 熊害怕受到惊吓，你的跺脚声和说话声都会惊扰到熊。

🐾 露营时，把食物、餐具和平底锅放在"防熊盒子"里，或者挂在远离营地的细树枝上，这样，熊就不会闻着味儿过来偷吃了。

🐾 如果你意外遇到熊，不要逃跑，否则熊可能会以为你是它的猎物。毕竟，无论是奔跑、游泳还是攀爬，熊都比你快！

🐾 冷静地和熊说话，举起手臂，让自己显得高大一些，然后慢慢地给熊让路。

🐾 如果一头熊用后腿站立，那它就不具威胁性，这个姿势说明它现在很好奇。这头熊正试图捕捉你的气味，以便更好地对你作出判断。

🐾 熊只有在下列情况才会攻击人：

⊙熊受到惊吓，而你又离它太近了。

⊙熊妈妈觉得它必须保护自己的小宝宝。

⊙熊觉得需要保护自己的食物。

⊙熊的肚子饿得咕咕叫。

🐾 想让一头愤怒或饥饿的熊往后退，你们就要站在一起，一动不动。尽量让你们的身形显得高大一些，还要大声叫喊。因为熊讨厌高分贝的噪声！

🐾 北极熊是最危险的一种熊。生活在北极圈的人一定要非常小心。

🐾 想要去看熊，你得先请一位专业导游，他必须是能读懂熊行为的专家。在与熊相遇的时候，一定要与熊保持安全的距离。

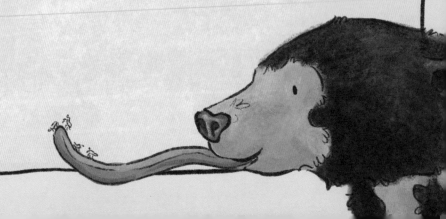